I0813185

INCREDIBLE CHANGES ON EARTH
CAMBIOS INCREÍBLES EN LA TIERRA

FOSSILS AND DINOSAURS
FÓSILES Y DINOSAURIOS

By/De: Julie K. Lundgren
Translated by/Traducción de: Santiago Ochoa

A Crabtree Seedlings Book
Un libro de El Semillero de Crabtree

Crabtree Publishing
crabtreebooks.com

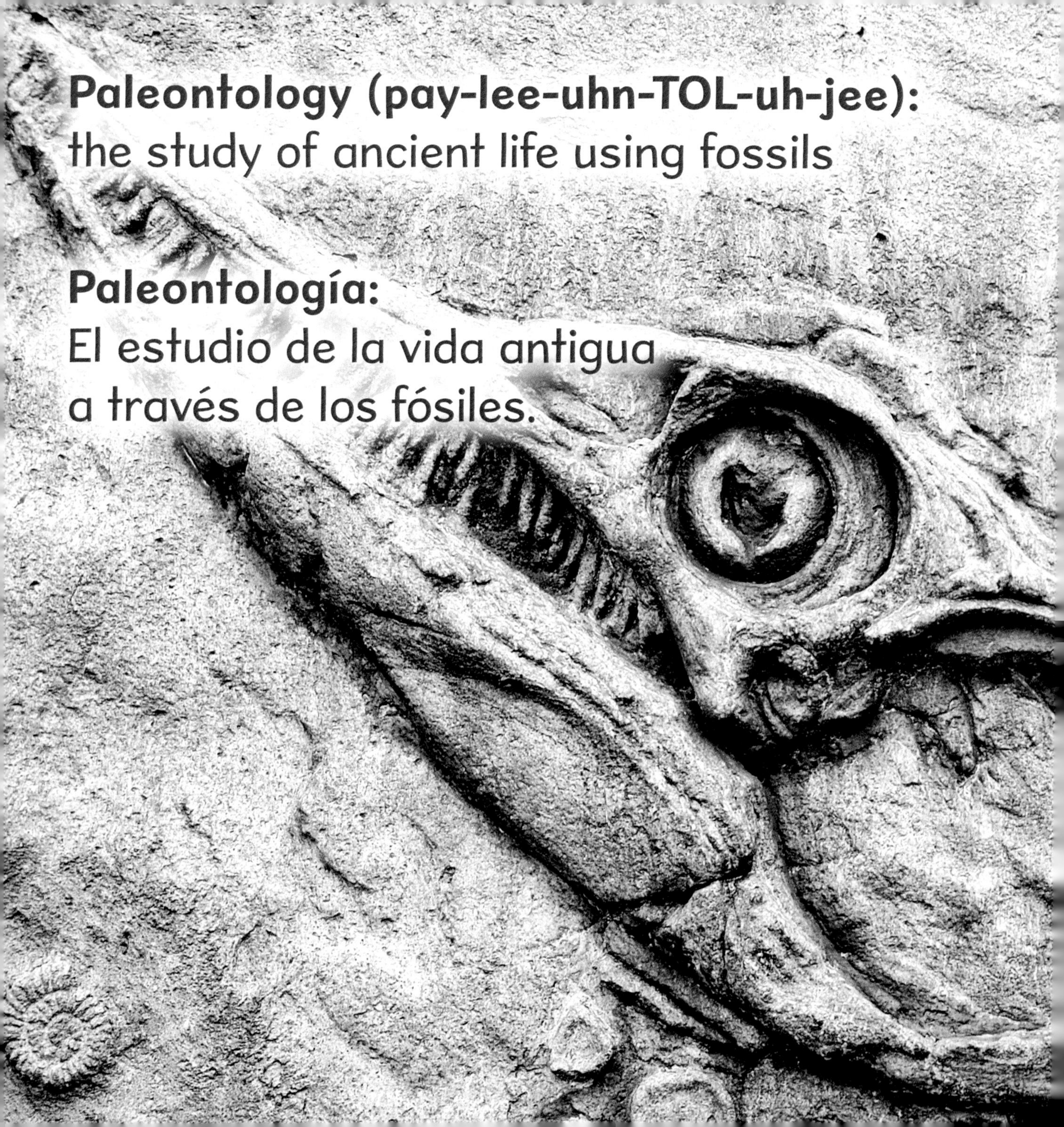

Paleontology (pay-lee-uhn-TOL-uh-jee):
the study of ancient life using fossils

Paleontología:
El estudio de la vida antigua
a través de los fósiles.

TABLE OF CONTENTS

Índice

Life on Earth Changes

Life on Earth has changed over time. Today's plants and animals differ from the past. Flowers and furry animals, such as dogs, cats, and rabbits, came much later in Earth's history.

La vida en la Tierra cambia

La vida en la Tierra ha cambiado con el tiempo. Las plantas y los animales actuales difieren del pasado. Las flores y los animales peludos, como los perros, los gatos y los conejos, aparecieron mucho más tarde en la historia de la Tierra.

dinosaurs
(DYE-nuh-sorz)
dinosaurios

Some life-forms, such as **dinosaurs**, no longer exist. Dinosaurs once lived on every **continent** on Earth.

Algunas formas de vida, como los **dinosaurios**, ya no existen. Los dinosaurios vivieron en todos los **continentes** de la Tierra.

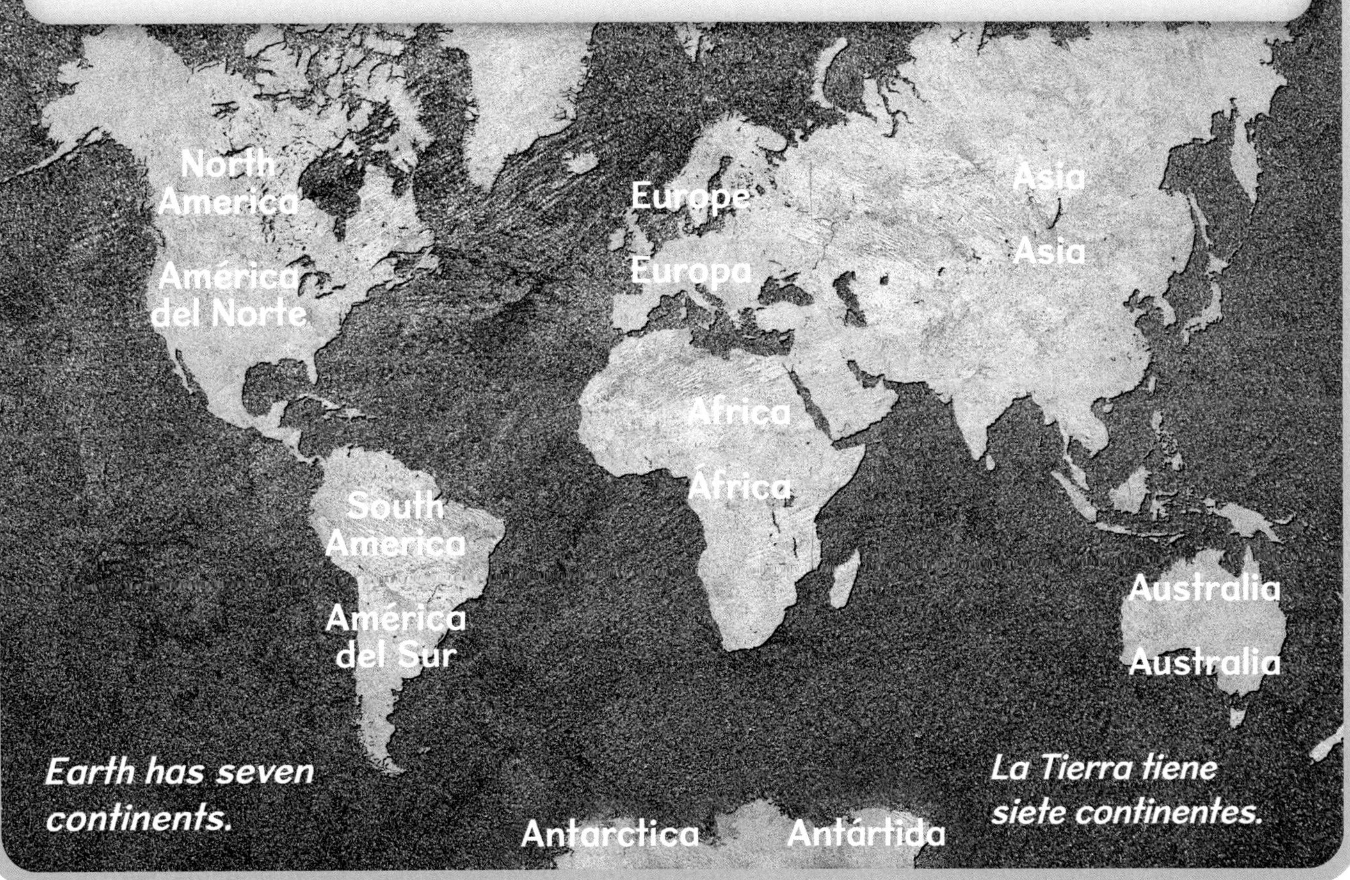

Earth has seven continents.

La Tierra tiene siete continentes.

Fossils as Time Machines?

We learn about **prehistoric** life on Earth through **fossils**. By studying fossils, we can look back through millions of years.

¿Los fósiles como máquinas del tiempo?

A través de los **fósiles**, conocemos la vida **prehistórica** de la Tierra. Estudiando los fósiles, podemos mirar hacia atrás a través de millones de años.

dragonfly fossil

fósil de libélula

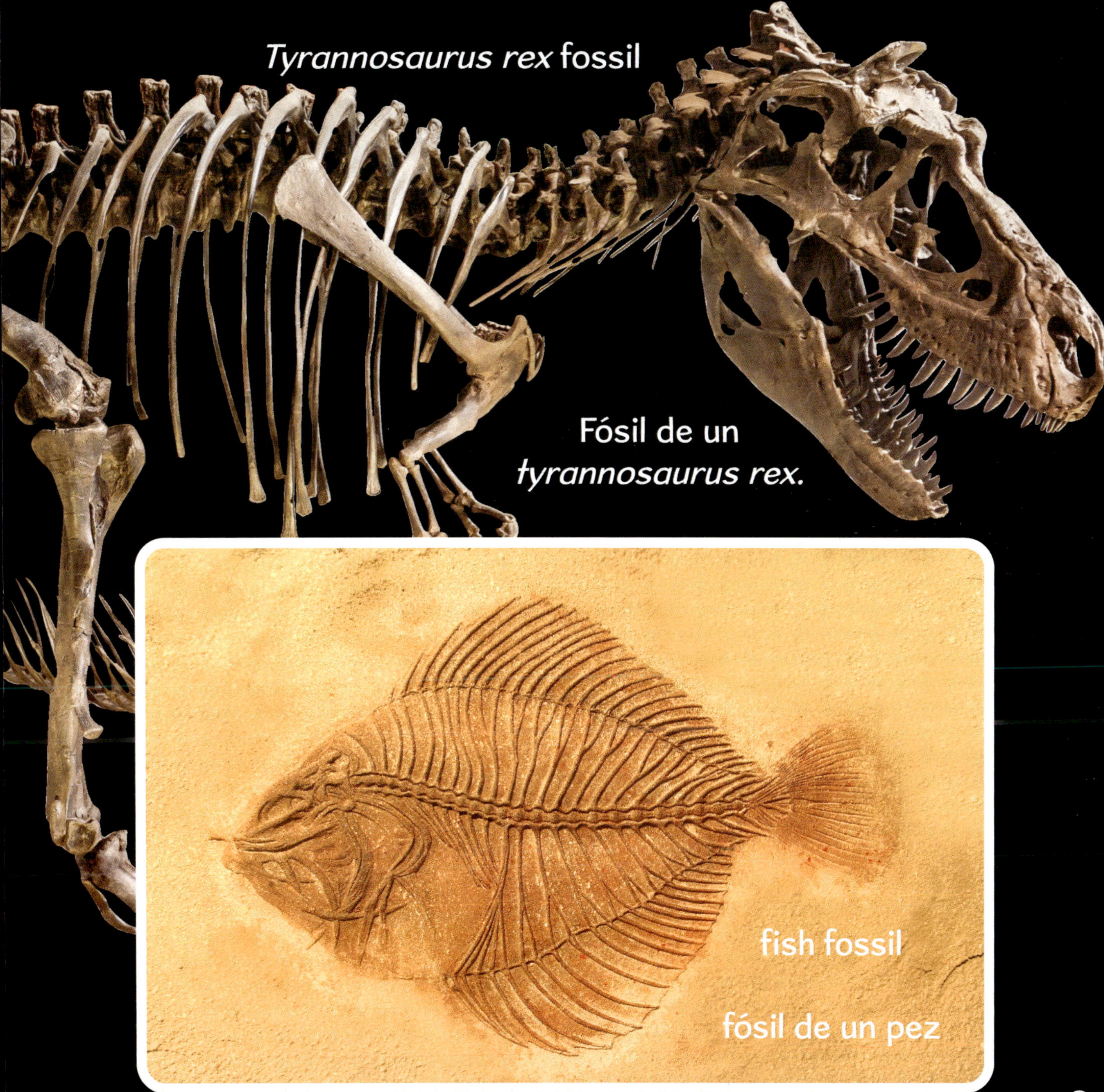
Tyrannosaurus rex fossil
Fósil de un
tyrannosaurus rex.
fish fossil
fósil de un pez

Paleontologists have uncovered fossils of dinosaur bones, teeth, feathers, scales, claws, eggs, nests, and footprints.

Los **paleontólogos** han descubierto fósiles de huesos, dientes, plumas, escamas, garras, huevos, nidos y huellas de dinosaurios.

teeth dientes

eggs huevos

claw garra

footprint huella

Paleontologists can measure the age of fossils and learn which dinosaurs lived at the same time.

Los paleontólogos pueden medir la edad de los fósiles y saber qué dinosaurios vivieron en la misma época.

Paleontologists use rock layers to learn the age of fossils. The oldest fossils are on the lower layers and the newest fossils are on the upper layers.

Los paleontólogos utilizan las capas de roca para conocer la edad de los fósiles. Los fósiles más antiguos están en las capas inferiores y los más nuevos en las superiores.

From the shape, size, and contents of fossil eggs, we can learn what kind of dinosaur laid them.

Por la forma, el tamaño y el contenido de los huevos fósiles, podemos saber qué tipo de dinosaurio los puso.

By studying plant and dinosaur fossils from the same age and area, we can begin to understand dinosaur life and **habitats**.

Al estudiar los fósiles de plantas y dinosaurios de la misma edad y zona, podemos empezar a entender la vida y los **hábitats** de los dinosaurios.

Footprints provide clues about how fast a dinosaur moved and if it walked on two or four feet.

Las huellas proporcionan pistas sobre la velocidad a la que se movía un dinosaurio, y si caminaba en dos o cuatro patas.

Allosaurus, *a meat-eater, and* Brachiosaurus, *a plant-eater, lived about 140 million years ago.*

El allosaurus, *un carnívoro, y el* brachiosaurus, *un herbívoro, vivieron hace unos 140 millones de años.*

Allosaurus
(al-uh-SOR-uhs)

allosaurus

Dinosaurs lived between 245 million and 65 million years ago.

Los dinosaurios vivieron de 245 a 65 millones de años atrás.

A prehistoric environment may have looked very different from the same place today. A rain forest once grew on what is now Antarctica.

Un entorno prehistórico pudo haber tenido un aspecto muy diferente al del mismo lugar en la actualidad. Una vez hubo una selva tropical en lo que ahora es la Antártida.

Antarctica today
La Antártida en la actualidad.

Comparing Then to Now

We can **compare** dinosaur fossils to each other, and to animals today. Clues from fossils point to birds as the closest living relatives of dinosaurs.

Comparando el pasado y el presente

Podemos **comparar** los fósiles de dinosaurios entre sí y con los animales actuales. Las pistas de los fósiles señalan a las aves como los parientes vivos más cercanos de los dinosaurios.

Velociraptors *had feathers and hollow bones like birds.*

Los velociraptors *tenían plumas y huesos huecos como las aves.*

Velociraptor
(vuh-LOSS-uh-RAP-tur)

velociraptor

As we dig and study more fossils, we will learn more. Exciting discoveries are still to be found.

A medida que excavemos y estudiemos más fósiles, aprenderemos más. Todavía quedan emocionantes descubrimientos por encontrar.

Glossary

compare (kuhm-PAIR): To judge one thing against another and notice similarities and differences

continent (KON-tuh-nuhnt): One of the seven large land masses on Earth

dinosaurs (DYE-nuh-sorz): A large group of reptiles that lived on Earth in prehistoric times

fossils (FOSS-uhlz): The remains of animals and plants from long ago, preserved in rock

habitats (HAB-uh-tats): Places where plants and animals naturally live

paleontologists (pay-lee-uhn-TOL-uh-jists): Scientists who study fossils

prehistoric (pree-hi-STOR-ik): Belonging to a time before history was recorded in written form

Glosario

comparar: Juzgar una cosa frente a otra y notar similitudes y diferencias.

continentes: Las siete grandes masas de tierra de nuestro planeta.

dinosaurios: Un gran grupo de reptiles que vivió en la Tierra en tiempos prehistóricos.

fósiles: Restos de animales y plantas de hace mucho tiempo, conservados en la roca.

hábitats: Lugares donde viven naturalmente plantas y animales.

paleontólogos: Científicos que estudian los fósiles.

prehistórica: Perteneciente a un tiempo antes de que se registrara la historia de forma escrita.

Index

Índice analítico

School-to-Home Support for Caregivers and Teachers

This book helps children grow by letting them practice reading. Here are a few guiding questions to help the reader build his or her comprehension skills. Possible answers appear here in red.

Before Reading

- **What do I think this book is about?** I think this book is about dinosaurs and where they lived. I think this book is about why dinosaurs no longer exist.
- **What do I want to learn about this topic?** I want to learn more about what dinosaurs ate. I want to learn if dinosaur skeletons in museums are the real bones of dinosaurs.

During Reading

- **I wonder why...** I wonder why there are dinosaur eggs that never hatched. I wonder why a rain forest once grew on Antarctica and why it's now covered with snow.
- **What have I learned so far?** I have learned the birds of today are the closest living relatives of dinosaurs. I have learned that *Velociraptors* had feathers and hollow bones like the birds of today.

After Reading

- **What details did I learn about this topic?** I have learned that paleontologists are scientists who study fossils. I have learned that some dinosaurs had claws and very sharp teeth.
- **Read the book again and look for the glossary words.** I see the word *dinosaurs* on page 7, and the word *prehistoric* on page 8. The other glossary words are found on page 23.

Apoyo escolar para cuidadores y profesores

Este libro ayuda a los niños a crecer permitiéndoles practicar la lectura. A continuación se presentan algunas preguntas orientativas para ayudar al lector a desarrollar su capacidad de comprensión. Las posibles respuestas que aparecen aquí están en color rojo.

Antes de leer

- **¿De qué creo que trata este libro?** Creo que este libro trata de los dinosaurios y de dónde vivían. Creo que este libro trata de por qué los dinosaurios ya no existen.
- **¿Qué quiero aprender sobre este tema?** Quiero saber más sobre lo que comían los dinosaurios. Quiero saber si los esqueletos de dinosaurios que hay en los museos son los verdaderos huesos de los dinosaurios.

Durante la lectura

- **Me pregunto por qué...** Me pregunto por qué hay huevos de dinosaurio que nunca se rompieron. Me pregunto por qué una vez creció una selva tropical en la Antártida y por qué ahora está cubierta de nieve.
- **¿Qué he aprendido hasta ahora?** He aprendido que las aves de hoy son los parientes vivos más cercanos de los dinosaurios. He aprendido que los *velociraptors* tenían plumas y huesos huecos como las aves de hoy.

Después de leer

- **¿Qué detalles he aprendido sobre este tema?** He aprendido que los paleontólogos son científicos que estudian los fósiles. He aprendido que algunos dinosaurios tenían garras y dientes muy afilados.
- **Vuelve a leer el libro y busca las palabras del glosario.** Veo la palabra *dinosaurios* en la página 7 y la palabra *prehistórica* en la página 8. Las demás palabras del glosario se encuentran en la página 23.

Crabtree Publishing

crabtreebooks.com 800.387.7650

Hardcover 978-1-0398-6934-9
Paperback 978-1-0398-6913-4
Ebook (pdf) 978-1-0398-6955-4
Epub 978-1-0398-6976-9

Printed in the U.S.A./Impreso en los Estados Unidos/CP112025

Published in Canada
Publicado en Canadá
Crabtree Publishing
616 Welland Avenue
St. Catharines, Ontario
L2M 5V6

Published in the United States
Publicado en los Estados Unidos
Crabtree Publishing
347 Fifth Avenue
Suite 1402-145
New York, NY 10016

Written by/Escrito por: Julie K. Lundgren
Translated by/Traducción de: Santiago Ochoa
Spanish-language copyediting and proofreading/Maquetación y corrección en español: Base Tres
Coordinador de producción/Production manager: Candice Campbell

Photographs/Fotografías: istock.com, shutterstock.com, Cover; Bob Orsillo. PG2-3 and back cover: 501room. PG4-5: absolutimages, para827. PG6-7:Allexxandar, Herschel Hoffmeyer. PG8-9: stockdevil, mirecca, aodaodaod. PG10-11: dgero, neenawat, MarcoCavina, paleontologist natural. PG12: Pino62 | Wikimedia https://creativecommons.org/licenses/by-sa/3.0/deed.en, PG 13 Daniel Indiana. PG14-15: Elnur, LuFeeTheBear, markrhiggins. PG16-17: Nine_Tomorrows, DARREN HOOK. PG18-19: Photodynamic, AmeliAU. PG20-21: leonello, MikeLane45. PG22: Nils Knötschke; CC BY-SA 2.5 - Generic_https://creativecommons.org/licenses/by-sa/2.5/deed.en

Library and Archives Canada Cataloguing in Publication
Available at the Library and Archives Canada

Library of Congress Cataloging-in-Publication Data
Available at the Library of Congress

FOSSILS AND DINOSAURS
FÓSILES Y DINOSAURIOS

Earth was a lot different when dinosaurs were alive. Scientists study important clues that were left behind to learn what kinds of dinosaurs lived where, what they ate, and how fast they could run. Even though there have been incredible changes on Earth, there are still dinosaur relatives living today!

La Tierra era muy diferente cuando los dinosaurios estaban vivos. Los científicos estudian importantes pistas que quedaron para saber qué tipos de dinosaurios vivían en cada lugar, qué comían y a qué velocidad podían correr. Aunque se han producido cambios increíbles en la Tierra, ¡todavía hay parientes de los dinosaurios que viven hoy en día!

GRL/NLG: M